ミケねこのトリセツ

東京書籍

はじめに　3匹と暮らす彼女のひとり言

ミケねこのナナ

週明けの午前6時。

高層マンションの26階の窓から外を眺めると、陽の光がまばゆい。昨晩は日曜日だというのに深酒。後悔先に立たず。帰らない友人に「帰れ」とも言えず、やめればいいのに日が変わってからも赤ワインのボトルを開けてしまった。

今週もまた、金曜日まで全力疾走。端っから疲れている自分に嫌気がさすなぁ。

そして今朝もナナに起こされた。きっかり5時半。なぜナナはわたしの顔の上に乗ってくるのだろう？　ミケねこのナナ（♀）、ブチのロク（♂）、そして茶トラのハチ（♂）。ゴー、ヨン、サンと続くわけじゃないけれど、この子たちは兄妹だ。それまでのチャミが18歳という長寿をまっとうして、しばらくは思い出に生きようと決心したのに、半年も経たないうちに保護猫カフェで見合いをしてしまった。兄妹と聞き、揃って引き取って我が家に来たのが5年前。ナナは長女で3匹のなかではもっともクールで、ハチやロクがわたしと打ち解けてもなお、ナナは気を許してくれなかった。

「ねぇ、ナナ。お願い、もうちょっとだけ休ませてぇ〜。あと20分！」

……………………。

ナナはあまり鳴かない。朝も黙ってわたしの顔に乗っている。起きるまでウンともスンとも言わない。いい加減なハチや、優柔不断なロクにくらべたらプライドが高くって、3匹のなかではいちばん頭がいい。

にゃー。

しかし、爪を切らせるのは、ナナがもっとも早かったのが不思議だな。あのときのおとなしいことおとなしいこと。しかし切り終わるとすぐに、お姫さま。

「ご苦労さま、お下がり」

なんて雰囲気だ。すぐにわたしから離れていくのが、いかにもミケらしい。

ミケ、ブチ、トラと初めて一緒に過ごしてみて実感するこの違い。

そこには、たしかに秘密がある。

目次　contents, mike-neko

はじめに
3匹と暮らす彼女のひとり言
ミケねこのナナ ―― 2

mike-neko, the best
んにゃ。ミケさんがいっぱい!! ―― 8

cat's pattern
大石孝雄先生（元東京農業大学教授）が教えてくれる
ねこの毛《け》柄《がら》はなぜ違う? ―― 18
あなたにピッタリのパートナー探し

ここはとっても大事なので、
『トラねこのトリセツ』、『ブチねこのトリセツ』と
共通するところがあるにゃん!

ミケねこのトリセツ

毛柄と性格・ミケねこ

「世界的にも珍しい人気柄の秘密」

「ねぇ、なに考えているの？ とらえどころのない性格」

「ツンデレ!? だけど、世渡り上手？」

「人を寄せつけない女王さま気質のサビねこ」

ミケねこと相性がいい人は？

ミケねこの○と×「○たまに甘やかす ×トラウマ……ほか」

find the footprints

ねこの聖地をゆく・ミケねこ篇

甘え上手なあの子に会いに……

ミケ地巡礼——40

北温泉旅館（栃木県那須郡那須町）

my dear
エピソード「わたしのこころ、ねこのきもち」
地域猫 ミーちゃん 木附千晶 —— 52

comic strip
ねこまき×ミケねこ 春夏秋冬 —— 60

living together
さぁ、一緒に暮らそ！ 大石孝雄先生直伝にゃん
ミケさんがやってきた！ —— 68

ここはとっても大事なので、
『トラねこのトリセツ』、『ブチねこのトリセツ』と
共通するところがあるにゃん！

storyteller
「毎度、お笑いを一席」……にゃ！
バイオレンス・スコ　春風亭百栄――80

best partner
はたらくねこ
南極へ行ったタケシ　阿見みどり――88

your dear
エピソード「あのねこ・このねこ、十四十色」
ちいさな宝物　金森玲奈――96

カバーイラスト＝ミューズワーク（ねこまき）
ブックデザイン＝Achiwa Design,inc.
写真＝istock.com

mike-neko, the best

んにゃ。ミケさんがいっぱい!!

プライドが高く、お嬢さま、
頭がよくて、
あんまり甘えてこない?
ねこの絵、招きねこといったら、
まずはミケねこだしィ。
やっぱり「三色」が好きだ
というあなたに捧げます!!

ミケさんはほとんどが女の子！

本当は甘えんぼのミケさん
かまってほしいにゃ〜

ツンデレなんてよく言われるけど
自由気ままが大好き！

同じミケでも白が多かったり
トラ柄が入ったりいろいろだにゃ〜

片眼のまわりだけ真っ黒なんて柄も……

ミステリアスなミケさん。そこが魅力なのかも⁉

cat's pattern

ここはとっても大事なので、
『トラねこのトリセツ』、『ブチねこのトリセツ』と
共通するところがあるにゃん！

大石孝雄先生（元東京農業大学教授）が教えてくれる

ねこの毛柄《けがら》はなぜ違う？

あなたにピッタリのパートナー探し

ミケねこは、正統なニッポンの猫というイメージでしょうか？　上品でおすまし、オスの子は滅多にいないですね。猫は毛柄によって、その性格が違ってくるのかしら？　「毛柄の謎」。伴侶動物学・動物遺伝学の大石孝雄先生は、貴重な調査結果をお持ちの専門家。一緒に教えてもらいましょう。

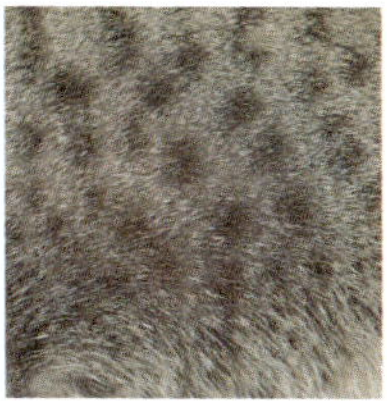
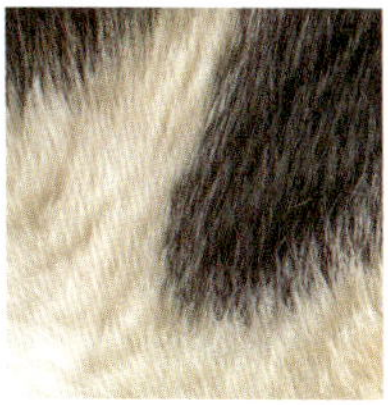

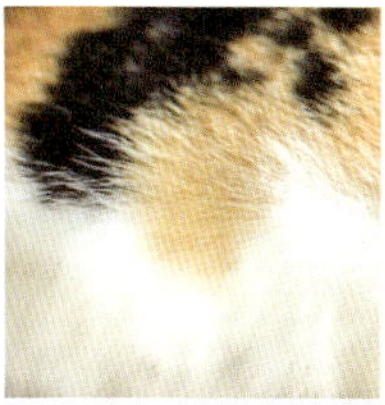

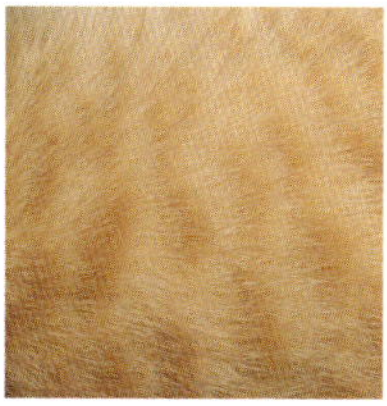

おおいし・たかお

1944年、京都府出身。農学博士。京都大学農学部卒業後、農林水産省に入省。畜産試験場育種部長などを歴任。退官後の2006年、東京農業大学農学部教授に就任。専門は伴侶動物学、動物遺伝学、動物資源学。これまでも8匹のねこを飼ってきた愛猫家。現在もねこ4匹、犬2匹に囲まれて暮らす。

リビアヤマネコ。アフリカの北側の砂漠近くにいるんだ。

日本の猫はどこから来た？

「飼い猫はすべて、エジプトなどの中東にいた野生の**リビアヤマネコ**がルーツといわれています。中東にはいまもいますよ」（大石先生）

キジトラに似てますね。これが元々の猫の柄《がら》ということでしょうか。

「そうです。土の色に近く、風景に身を隠しやすかったのですね。ヤマネコといっても大きさは日本のイエネコと同じくらい。古代エジプト時代、ネズミから食糧や衣類を守るために飼われるようになり、シルクロードや船舶に乗って、日本にやって来ました」（大石先生）

その過程で、さまざまな毛柄へと変わっていったのですね。

「ちょっと専門的な話になりますが、毛柄を決めるのは『**遺伝子座**』といって、染色体の一部なんですね。『遺伝子座』には９種類あるんです」（大石先生）

①W＝ホワイト（白）
②O＝オレンジ（茶）
③A＝アグーチ（1本の毛に縞が入る）
④B＝ブラック（黒）
⑤C＝カラーポイント（顔や体の先のほうに色が出る）
⑥T＝タビー（縞）
⑦I＝インヒビター（シルバーが出る）
⑧D＝ダイリュート（色を薄くする）
⑨S＝スポッティング（体の一部を白くする）

そして、遺伝子には優性と劣性の遺伝子があります。９つの遺伝子座と優性・劣性遺伝子を組み合わせていくと、**猫の毛柄は「キジブチ」や「白黒ブチ」「キジミケ」など16通り！**

優性の遺伝子は、子に必ず受け継がれるけれど、**劣性遺伝子は孫の世代以降に受け継がれるのだとか**。そのため親とは違う毛柄になることも。

「もうひとつ。**ミケはオスがほとんどいない**ということを聞いたことがあるでしょう。考えてみれば不思議なことです。これだけでも、毛柄が猫の生態に大きく影響を与えていることがわか

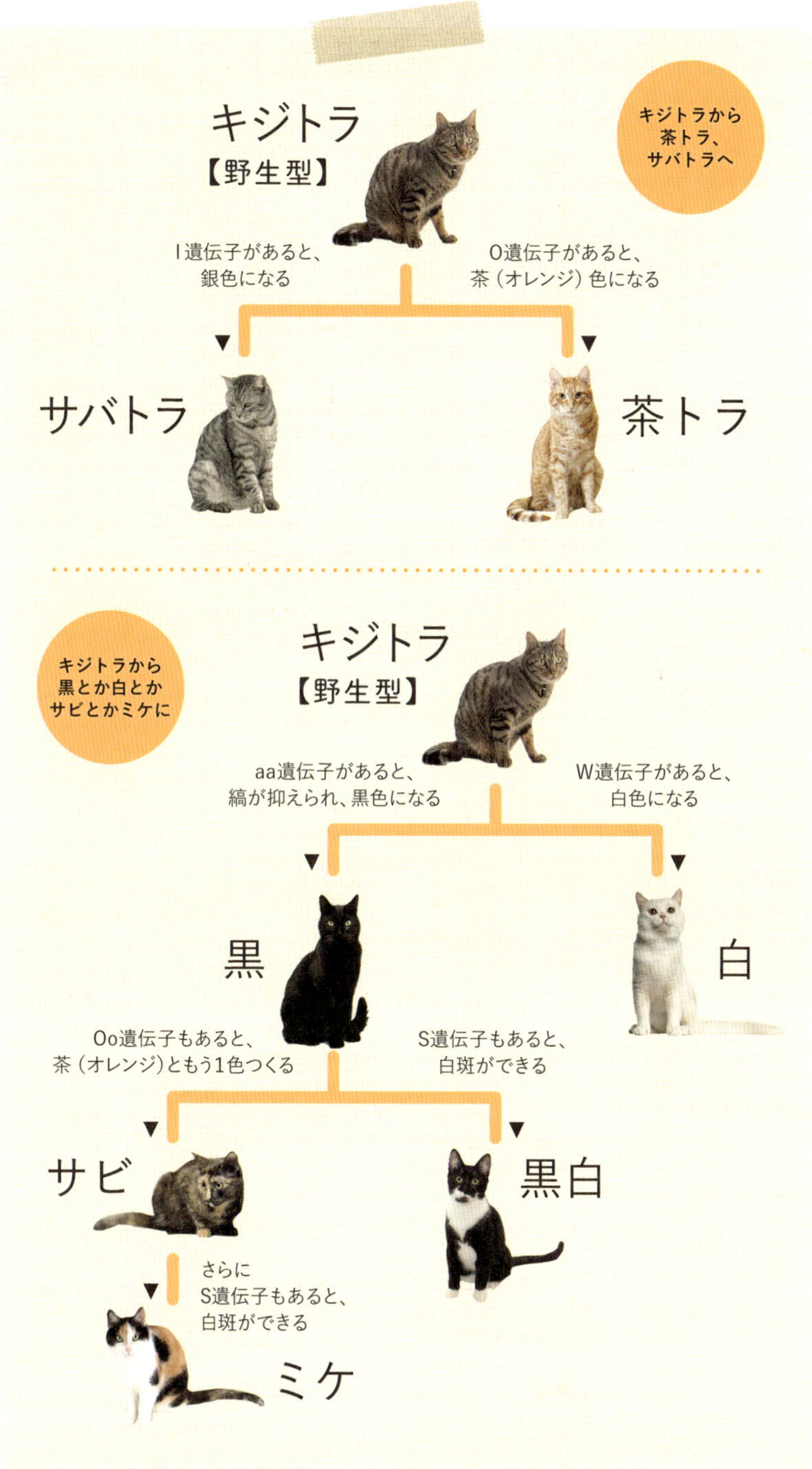
キジトラから
茶トラ、
サバトラへ
キジトラ
【野生型】
I遺伝子があると、
銀色になる
O遺伝子があると、
茶（オレンジ）色になる
サバトラ
茶トラ
キジトラから
黒とか白とか
サビとかミケに
キジトラ
【野生型】
aa遺伝子があると、
縞が抑えられ、黒色になる
W遺伝子があると、
白色になる
黒
白
Oo遺伝子もあると、
茶（オレンジ）ともう1色つくる
S遺伝子もあると、
白斑ができる
サビ
黒白
さらに
S遺伝子もあると、
白斑ができる
ミケ

数字が大きいほど、その傾向が強いにゃ～

 ミケ	 サビ	 黒	 黒白	 白
2.9	2.8	2.7	2.9	2.8
2.8	2.8	2.9	3.0	2.8
2.6	2.5	2.5	2.6	2.4
3.1	2.8	3.2	3.4	2.9
2.6	2.3	2.9	3.0	2.7
2.3	1.9	2.4	2.6	2.4
3.1	2.9	2.7	2.5	3.0
2.3	1.9	2.2	2.3	2.2
2.9	2.8	3.1	3.1	2.6
2.8	2.6	2.9	3.1	2.4
2.7	3.1	2.5	2.5	2.7
2.6	3.0	2.5	2.2	2.5
2.1	2.6	2.2	2.1	2.5
2.7	3.1	2.7	2.8	2.4
2.5	2.8	2.5	2.5	2.1
2.3	3.0	2.5	2.9	2.3
2.7	2.3	2.8	3.2	2.8

ネコの毛柄と性格一覧表！

性格	茶トラ	茶トラ白	キジトラ	キジトラ白
おとなしい	3.6	2.7	2.6	2.8
おっとり	3.6	3.1	2.8	3.0
温厚	3.3	3.0	2.6	2.8
甘えん坊	3.3	3.4	3.1	3.4
人なつっこい	2.8	2.8	3.0	3.2
従順	2.8	2.5	2.4	2.6
賢い	2.7	3.0	3.1	3.0
社交的	2.4	2.4	2.4	2.8
好奇心旺盛	2.8	2.9	3.1	3.2
活発	2.3	2.5	2.9	3.2
気が強い	1.9	2.5	2.8	2.6
わがまま	2.1	2.1	2.7	2.4
攻撃的	1.4	1.8	2.1	1.9
警戒心が強い	2.4	2.9	2.7	2.6
神経質	2.1	2.1	2.4	2.4
臆病	2.4	2.8	2.7	2.4
食いしん坊	3.0	2.6	3.1	2.9

2010年、大石先生が東京農業大学で実施した「毛柄と性格に関する調査」による。「おとなしい」「甘えん坊」「気が強い」など17項目について、9種の毛柄の猫にあてはまるかどうか、飼い主に5段階評価（5点満点）で回答してもらい、その点数の平均値を表にまとめた。数字が大きいほど、その傾向が強いと推測される。

ります。ミケの柄のオレンジ色が特殊で、**性染色体**が関係しています。白や黒を決定する遺伝子は性染色体以外の常染色体上というところに存在します。しかし、オレンジを決定するO遺伝子だけは、性染色体のX染色体上にあるのです。そして、Oo遺伝子の組み合わせのときだけ茶と黒（またはキジ縞）の斑点、つまりミケになります。メスの性染色体はXXなので、Oo遺伝子の組み合わせを持つことができますが、オスの性染色体はXYなので、X染色体は一つしかなく、O遺伝子、またはo遺伝子しか持てません。そのため、**ほとんどのミケがメス**なのです。**まれなオスのミケは染色体異常によってくらいしか生まれません**」（大石先生）

猫の毛柄が増えた理由

「時代時代によって、あるいは地域によって、毛柄への好き嫌いという要素が加わることもあったでしょう」（大石先生）

いつの時代も、人間なんて勝手なものなのかしら。

「毛柄の好き嫌いで、顕著なのは**黒猫**でしょうか。不吉なイメージを持つひとがいる一方で、アニメや企業のキャラクターとして愛されていますね。

商売繁盛の『招き猫』なら白かミケと決まってます。ミケは無難に多くの人に好かれるからでしょう。猫の毛柄は、人間の勝手なイメージで取捨選択されてきたという歴史があるのです」（大石先生）

歴史を振り返ると、シルクロードの交易や大航海時代など、人間の移動範囲が広がるにつれ、猫も荷物をネズミから守ったり、海難のお守りなどとして、さまざまな地域に運ばれました。その結果、ある毛柄が特定の地域に集中することも。たとえば、茶色やオレンジ色を持つ猫は、西ヨーロッパでは36％以下、東アジアでは50％以上に達している地域もあるのだとか。

毛柄と性格の関係は？

毛柄と猫の性格との関係は、さまざまに語られてきました。

「私が東京農業大学の学生たちと一緒に行った調査があります。その結果、毛柄によって、おとなしかったり、甘えん坊だったり、警戒心が強かったり、**それぞれに特徴的な傾向がある**ことがわかってきたのですね」（大石先生）

調査結果は22ページに。その結果、**やっぱり、毛柄による違いが！**

「同じ猫という種ですから、基本的な性格・性質が大きく変わることはないのですが、それでも**毛柄によって性格に傾向があるようです。茶トラはおっとり、キジトラ白は甘えん坊……ミケは賢いけれど、扱いにくい性格**といった結果もありました」（大石先生）

先生自身も、これまで一緒に暮らしてきた猫に当てはめて考えてみると、**この調査結果に納得する**ところがあったのだとか。

大石家の茶トラは、おっとりして社交性が高く、食いしん坊、ミケと白猫は共に賢く、気が強かったそうです。

毛柄と性格の関連性についてはまだ詳しくは解明されていないけれど、**色素を形成する遺伝子と、感覚機能や行動、神経機能に関わる遺伝子との関係性などが推測**されています。

「私たちが調べた毛柄と性格の調査に類似する報告は、アメリカなどにもあります。1995年に『茶色のオス猫は攻撃的な性格を持つ』というレポートも発表されました。研究が進めば、もっと詳しい毛柄と性格の相関性が解明されるでしょう」（大石先生）

もちろん育った環境や人間によっても変わってくる。

毛柄によって、育て方の工夫を

とくに、生後2～7週までの間は、社会性が育つ大切な時期。母猫の母乳を飲みながら、兄弟猫と一緒に育った子は、他の猫とも共存できる社会性が身につくといいます。

この時期に人間との触れ合いが多ければ、その子は人慣れした性格に成長していく？

「ただ、たとえば同じように野良猫から飼い猫になった場合でも、警戒心が強いサバトラと、甘えん坊の茶トラ白では、茶トラ白よりサバトラのほうが人慣れするのに時間がかかるということは十分にありうると思います」（大石先生）

毛柄による性格の違いを、育て方や暮らし方の工夫の参考にしたらいいということですね。

「『人なつっこい茶トラ白だから、一緒に遊ぶの大好きだね』など、毛柄に合わせて、暮らしやすい環境を整えてあげるといいのではないでしょうか。

猫は困った行動をするときもあります。そんなとき、毛柄から解決策が見つかるかもしれませんね」（大石先生）

毛柄と性格

ミケねこ

世界的にも珍しい人気柄の秘密

9種類の遺伝子の組み合わせによってさまざまな毛柄が生まれることはこれまでにお話ししてきましたが、その**遺伝子の組み合わせの妙が毛柄によく現れているのが、じつはミケさん**なんですね。

ミケねことは、茶（オレンジ）、黒（またはキジトラ）、白の3色のブチ柄になっている猫のこと。

「ミケが発現する遺伝子の仕組みを、もう少し詳しく説明してみましょうか。猫の毛柄を決める遺伝子には全

部で9種類あり、それぞれの遺伝子には優性と劣性の2種類があります。そのなかで、**ミケの毛柄に一番関係の深い茶（オレンジ）を発現させるO遺伝子は、性染色体のX染色体上にあります。**メスはXX染色体、オスがXY染色体。メスは、O遺伝子をOO、Oo、ooのどれかの形で持つことができます。でも、オスはO、またはoしか持つことができません。そのため、**オスは茶（O）と、黒あるいは縞（o）の2色を持つことができないのです**」（大石先生）

3万匹に1匹！奇跡の♂

ミケのオスが生まれるのは染色体異常の場合だけで、その確率は**3万匹に1匹**とも言われ、**奇跡のような数字！** それほど珍しい存在だったので、昔は航海の無事を祈る幸運のお守りとして珍重されたという歴史もあるほど。

「でも、メスがO遺伝子座を持っていれば、ミケが生まれるかというと、そう簡単ではありません。OO遺伝子で茶（オレンジ）になりますが、oo遺伝子の場合は、縞《しま》模様になるA遺伝子か黒になるaa遺伝子が現れてしまいます。つまり、Oo遺伝子でなければ、茶（オレンジ）と黒または縞のブチの毛柄は生まれない。しかも、Oo遺伝子だけでは**ニケ（二毛）にしかなりませんから、さらに白色になる遺伝子も必要。**白一色以外の毛色を発現させるww遺伝子、白ブチ模様を発現させるSS遺伝子、またはSs遺伝子が揃ってはじめてミケが生まれる……」（大石先生）

毛柄と性格

ミケねこ

ねぇ、なに考えているの？
とらえどころのない性格

毛柄としてヤマネコに近く、遺伝子学的に生まれやすいトラ（縞）にくらべ、ミケが生まれる確率がそう高くないせいか、**SNSなどでも、ミケは人気者**。でも、その性格は、ひと言で言うと、ズバリ**「変わり者」**。

とらえどころがなく、何を考えているのか、よく分からないタイプです。

「私もミケを飼っていますが、賢いということは言えるような気がします。ただ、**気分屋でプライドも高い**。とくにうちの子の場合は、気が強い

ですね。我が家の猫のなかで、**他の子に猫パンチをするのは、ミケだけ**ですから（笑）」（大石先生）

大石先生が東京農業大学の学生さんたちと一緒に調査した毛柄と性格の関係性のデータを見ても、ミケは、「甘えん坊」「賢い」と答えた飼い主さんが多い一方で、**「好奇心旺盛」**や**「活発」「気が強い」「おとなしい」**の点数も高め。

不思議だから面白い！

ミケの性格がとらえにくいのは、毛柄に個体差が大きいことも関係しているのかも。

ミケを観察してみると、黒い部分がキジトラになっている子もいれば、はっきりした黒一色になっている子もいます。じつはここにも毛柄の遺伝子が関係しています。トラ（縞）柄を支配するA遺伝子座のうち、優性のA遺伝子が出現すると、キジミケに、劣性のaa遺伝子が支配するとクロミケになるのです。

さらに**茶色の濃淡が違ったり、白毛の範囲も猫によって異なっている**のですね。

「ミケのつかみどころがない性格には、そうした**微妙な毛柄の違いも表れている**のかもしれませんね」（大石先生）

ひと口にミケと言っても、猫によって毛柄の出方が大きく違うように、個体差があり、「甘えん坊」や「賢さ」、「気が強い」など、性格に対する飼い主さんの受け止め方も違います。そんな**不思議な性格を持つところもミケの面白いところ**ですね。

毛柄と性格

ミケねこ 2

ツンデレ!? だけど、世渡り上手？

大石先生が関東地方の首都圏に近い地域で、**猫の毛柄の分布**を調べたところ、もっとも多かったのは、茶トラやキジトラなどのトラ柄で53％ほど。その次が黒白などのブチで15％、**ミケは10％ほどしかいなかった**そうです。

「ミケが少ないのは、ほぼメスにしか出現しないことも影響しているでしょう。ミケの性格には毛柄だけでなく、オスとメスの違いが現れている可能性はあります」（大石先生）

一般的に**オスは活発で甘えん坊、感情表現がストレート**と言われています。それに対して**メスは、感情表現が控えめで、どちらかといえばおとなしい場合が多い**ようです。オスにくらべて、マイペースで、場合によってはクールに見えることも多いので、「ツンデレ」と表現する飼い主さんもいます。

ミケさんは魔性のオンナ？

たしかに性別の違いも考えながら、大石先生の毛柄と性別の調査を見ていくと、**ミケには、メスらしい性格の傾向が表れている**といえそう。「甘えん坊」と「賢い」のどちらも平均得点は「3・1」ともっとも高く、次いで、「おとなしい」「好奇心旺盛」が「2・9」になっています。それ以下の点数は、それほど大きな差はありませんが、**「警戒心が強い」**の「2・7」と**「わがまま」**の「2・6」という点数などもさほど低くありません。トラ（縞）系や黒などの単色に比べると、若干、高めの点数が出ています。

メスは、子猫を産み、育て上げるという大切な役目を担っています。外敵から子猫を守るには、賢くないといけませんし、警戒心も必要ですね。それでいて、エサを効率よく確保するには、人なつっこい態度を示した方が得をすることも多いのでは？　そんな世渡り上手なメスらしさが、ミケの性格にも反映されているのかもしれませんね。**魔性！**

そんなミケに転がされている飼い主さんも多いのでは？

毛柄と性格

サビねこ

人を寄せつけない女王さま気質!?

毛柄の遺伝子から見ると、ミケに近いのが「サビ」と呼ばれる茶（オレンジ）と黒のニケ（二毛）。

茶と黒の毛柄を持つためには、O遺伝子座のうち、Oo遺伝子が必要です。O遺伝子は性染色体のX染色体上にしか存在しないため、**サビもミケと同じく、ほぼメス。**

「サビとミケの違いは、白ブチに関わるS遺伝子座です。優性のS遺伝子が支配するとミケになり、劣性のss遺伝子が支配するとニケになり

ます」（大石先生）

そして、トラ（縞）柄を支配するA遺伝子座のうち、優性のA遺伝子を持っているとキジニケに、劣性のaa遺伝子を持っていると、トラ柄を作る力が抑えられ、単色になるので、クロニケになります。サビのなかでも、トラ柄が入っていたり、クロがはっきりしている子がいるのは、こうした遺伝子の違いが影響しているのです。

気が強くて、従順じゃない？

毛柄の遺伝子はよく似ている**サビとミケは、性格も似ている**？

「サビもミケと同じく、とらえどころがない性格である点は似ていますね。**サビはよりわがままで警戒心が強い。『臆病』も平均得点が高い**ですね」（大石先生）

大石先生の調査データを見ると、サビの性格としてもっとも平均得点が高かったのは、「警戒心が強い」と「気が強い」の「3・1」、その次に、「わがまま」と「臆病」の「3・0」。「賢い」「好奇心旺盛」の項目も高めで、**一見正反対とも思える項目の平均得点がほぼ同列で並んでいる**のが、サビの特徴です。

また「従順」や「社交的」の項目は「1・9」とかなり低め……。

「『気が強い』と答えた飼い主さんが比較的多かったのは、警戒心の強さから人慣れしにくく、扱いにくいということなのかもしれませんね」（大石先生）

気が強くて、従順じゃない？　だからこそ愛おしい面も！

ミケねこと相性がいい人は？

忙しすぎる毎日をスローダウンしたい人向き

さて、ミケさんと一緒に暮らす場合、
問題は、飼い主である私たちとミケさんとの
相性ですね。毛柄で性格に傾向があるのなら、
その傾向を参考にしない手はないにゃん！
ミケさんとの相性がいい人とは？

ミケのとらえどころのない性格は、まるで**ミステリー小説に出てくる魅惑的な悪女**のよう。ゴロゴロ甘えてきたかと思ったら、次の瞬間には、おやつや遊びを飼い主が根負けするまで要求してきたり。ひと筋縄ではいかない性格は、さまざまな毛柄の猫のなかでも、**人をしつける能力に長《た》けている証拠なのかも？**

「ミケは、人の好き嫌いがはっきりしていて、マイペース。賢いだけに扱いにくいときもありますが、人の言いなりにならない分、甘えてきたときは、とてもかわいいものです。そんなミケとの暮らしを楽しむ余裕があるのは、人として幸せな生活なの

ミケ、
サビとの
相性は？

ではないでしょうか」（大石先生）
とらえどころのない性格は、**自由を愛する猫らしい性格**ともいえます。ミケと楽しく暮らすには、飼い主にも余裕が必要かにゃ？
ミケは気分屋なので、人が忙しくて、かまってあげられないときほど、「ごはんちょうだい」「遊んで！」と要求してくることも？
そんなときに「ちょっと待って」と話しかけてみたり、「今、忙しいからダメ！」と怒ってみても、逆効果。むしろ、思い通りになるまで、「にゃあにゃあ」と鳴き続けることも。
「気分屋のミケが自己主張してくるときは、やはり彼女たちなりの理由があると思うんです。まずは何を要求しているのか、よく観察してみてください。**一緒に暮らすのに慣れてきたら、ミケの気分もつかめるようになる**のでは？」（大石先生）
ミケの要求を単なる「わがまま」ととらえていると、**たとえば病気の兆候を見逃してしまうかも。**自己主張してきたときは、コミュニケーションのチャンスと考えて、解決策を考えてみましょ！

ミケのブレーキ効果！

日々、時間に追われている現代人。**ミケは、忙しい毎日に適度なブレーキをかけ、気持ちを切り替える余裕を取り戻してくれる存在**なのかも。

「**仕事をテキパキとこなしている独身の人や共働きの家庭に向いているかも**しれません。家に迎えたばかりの頃は、猫も人もお互いにペースがつかめなくて困ることもあるかもし

れませんが、仕事の場でも相手の様子をよく知ることで、理解が深まることがありますね。そんなふうに、ミケの様子をよく見てあげましょう」（大石先生）

そして、気が強く、なかなか気を許してくれないサビは？　そう、ミケよりさらに気むずかしい面を持っていそうなサビにぴったりなのは、**「猫は大好きだけれど、お互いの居場所をしっかり確保したい人」**向けかも。近からず遠からず……案外そんな距離がいい関係を長く保てるのかもしれません。

参考図書『ねこの事典』（今泉忠明監修・成美堂出版発行）

ミケさん・サビさん 相性相関図

ミケねこ・サビねこの○と×

ミケねことサビねこの長所や短所、やっていいこと・あまりやらないほうがいいことをまとめてみると……。一緒に暮らす前のねこさん選びや困ったときのヒントにどうぞ。

■ミケ

○ミステリアス

ミケはとらえどころのない性格。ミステリー小説に登場するような魅惑的な異性のようで、飽きずに楽しく過ごせるのでは？

■ミケ

○観察力

気分屋のミケとの暮らしには観察力が大切！
仕事の場でも生かせるかも!?

■ミケ

×感情的に怒る

困った行動のときに怒っても、
ミケには効果なし。
怒るより、行動の理由を考えてみよう！

※猫の性格には成育や
性別などの違いも影響します。
個体差も考えて、ストレスのない生活環境を
整えてあげることが大切です。

■ミケ

×トラウマ

ミケのなかには賢い子も。
嫌なことをいつまでも
覚えていることがあるので注意

■サビ

○1匹の空間づくり

警戒心が強いサビは、来客が苦手なことも。別室など、1匹になれる静かな場所でゆっくり過ごさせてあげよう

■ミケ

○たまに甘やかす

気分屋のミケが甘えてきたときは、本当に甘えたいとき。十分に甘えさせよう！

■サビ

×多頭飼い

臆病で繊細なサビのなかには、
多頭飼いが苦手な子も。
先住ねこがいるときは、
お試しの期間を設けるなど、
相性を見極めてから……

find the footprints

ねこの聖地をゆく・ミケねこ篇

甘え上手な あの子に会いに……

ミケ地巡礼

栃木県那須郡那須町
「北温泉旅館」

あまり甘えてこなくてツンデレ、
お嬢様気質なのが
ミケねこの特徴。
いやいや。「北温泉旅館」の
看板娘モモちゃんは、
人懐っこくて人気者。
「長楽寺」のミケねこたちも、
玄関までお客さまを
お出迎えします。
たまにはミケに甘えられたい……
そんな気分を満たしてくれる、
とっておきの場所！

文＝福光 恵
text by fukumitsu megumi
写真＝福原 毅
photographs by fukuhara takeshi

江戸、明治、昭和の3つの
時代の建物からなるレトロ
な温泉旅館。ミケねこのモ
モちゃんはどこにいても絵
になります。

北温泉は、那須連峰のひとつ、朝日岳から流れる余笹川のほとりに建つ秘湯。

元禄時代からの旅館を守る猫

東北新幹線の「那須塩原」駅からバスを乗り継いで、約1時間半。バス停から徒歩で20分ほど谷を下っていくと、山間に大きな露天風呂があらわれました。「北温泉旅館」です。

始まりは約320年前の元禄時代。映画『テルマエ・ロマエ』では、上戸彩演じる主人公の実家の旅館として、ロケ地にもなりました。

温泉通をうならせるそんな歴史ある旅館で、その愛くるしい姿で来客を迎えているのが、ミケねこのモモちゃんです。一番のお気に入りは、旅館の玄関。気が向くと自分で引き戸を器用に開けて、外に出て行くこともあります。

「ほかにもモモちゃんだけが知る、

もともとは山伏の修験場だったとか。天狗が見下ろす北温泉名物の「天狗湯」。

秘密の出入り口が旅館の中には何か所かあるようですね。出入り口の前に荷物が置かれたりして入れないときも、何とか新しい入り口を見つけて中に入ってくる。あるときは、ススで真っ黒になって入ってきたこともあったんですよ」

北温泉旅館で働く向井照恵さんはそう笑います。

実はこの旅館は、江戸時代から猫とは縁が深く、猫が人に化けて働いていたという「猫ばっぱ（猫おばあさん）」の伝説も残っています。また代々しっぽの短い猫を飼ってきたことでも知られます。

2010年、先代のミミが亡くなり、もう一匹、一緒に暮らしていたティティがさみしそうにしているのを見て、向井さんの知り合いが世話

誰かに甘えて、くつろいで、気が向いたら外に……。自由気ままなモモちゃんです。

玄関の引き戸前は、モモちゃんのお気に入り。ここから外を眺めます。

をしてくれた子猫が、モモでした。その後高齢だったティティも亡くなり、今、北温泉にはモモひとり。

2匹の先代猫は長い尻尾の猫だったので、モモで尻尾の短い猫の久々の復活にもなりました。洋猫の血も入っていたという先輩たちにくらべると、怖がりのところもありますが、「小さいときから帳場の横で育てられたので、人慣れしていて、お客さんにも寄っていきます。感心するのは、従業員の足音を聞き分けられること。ご飯をくれる人、部屋に入れてくれる住み込みの人など、足音を聞き分けて出てくるんですよ」

この日も、向井さんがバッグに付けている熊よけの鈴の音がするやいなや、どこからともなく登場です。出勤後は、ロビーのソファでのんび

「猫茶屋工房」は、一見すると別荘のようなたたずまい。全国から猫ファンが訪れます。

りしたり、売店奥の段ボール箱に収まったり、はたまた定位置の玄関で屋外をチェックしたり。江戸時代から立体的に継ぎ増し継ぎ増しされた巨大なキャットタワーのような館内での勤務を、満喫しているようです。

猫好きによる猫好きのための

那須周辺には北温泉旅館のほかにも、猫とゆかりのあるスポットがいくつかあります。まず、那須サファリパーク近くの別荘地にある猫雑貨専門店「猫茶屋工房」です。東京から移住してきた猫好きのオーナー石村幸男さんご夫妻が20年前に開きました。

「開店当時は、全国でもまだ珍しい猫雑貨専門店で、猫雑貨の数も少なく、ワンちゃんやブタさんなどの雑貨も置いていていました。開店して5～

食器、文具、ぬいぐるみ、携帯グッズなど、あらゆる猫デザインの雑貨が集められています。

6年後に猫ブームが来て多くの猫雑貨が作られるようになり、住まいだった2階も店舗に改築して使うほど売り場は広くなりました」（ご主人の幸男さん）

猫があしらわれた食器やポストカード、スリッパ、バッグなど、色違いも含めると、商品点数は「たぶん」1000点以上。猫柄のタオル100円からなど、観光地価格ではないリーズナブルな商品が並んでいるのも、うれしい特徴となっています。

知る人ぞ知る、新しい猫の聖地

そして、最新の那須猫スポットはこちら。寺子にある長楽寺です。

「住職の朝ごはん。猫全のせ。猫ましまし。です」

そんなツイートとともに紹介され

長楽寺の母猫・ミー子（写真左上）は、母性が強いタイプ。子猫の中にもミケが1匹。

たのは、朝ごはん中の住職にぴったりと身体を寄せ、住職から「おすそわけ」の猫のおやつをもらうのを、今か今かと待ち構える4匹の猫たちでした。4匹は、保護猫だったミケ猫のミー子と、そのミー子が8年前、住職の布団のなかで出産したという子どもたちです。

そんな猫と住職の日常を、住職の奥様が綴ったツイートが話題になりました。昨年の開設当初は数人だったフォロワーも、今や4万人以上に膨れ上がり、猫好きの間では知る人ぞ知る寺猫ファミリーに。長楽寺の猫型のお守り（500円）のゲットも兼ねて、全国からわざわざ長楽寺に足を運ぶフォロワーさんも後を絶ちません。

長楽寺は、那須三十三観音霊場の第十二番札所にもなっています。

お寺のことを知ってもらいたいと始めたツイッター。「猫たちが幸せを運んでくれました」と住職の奥様。

「駒ヶ滝（駒止の滝）」は、那須エリア一番の滝。北温泉を訪ねたら、ぜひ寄ってみたいスポットのひとつです。

ときには夜勤も辞さない北
温泉のモモちゃん。周りの
山は、モモちゃんの庭です。

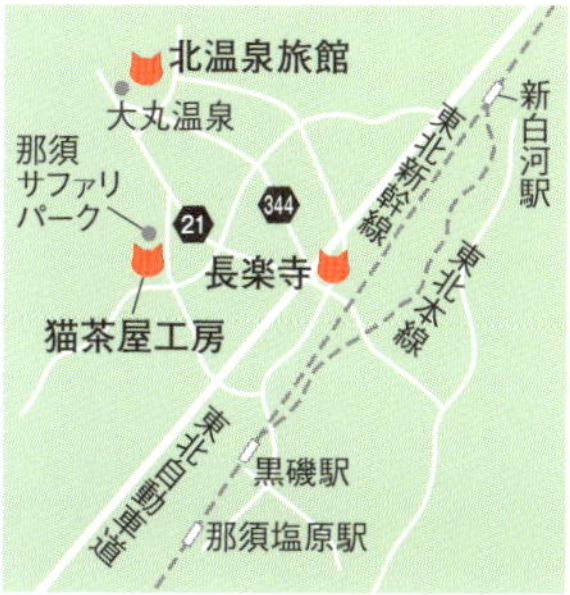

北温泉旅館

栃木県那須郡那須町大字湯本151
TEL：0287-76-2008
【アクセス】
バスの場合：那須塩原駅または黒磯駅より、那須湯本温泉行で大丸温泉まで約50分。下車して徒歩約40分。
自動車の場合：東北自動車道那須ICより約30分。

猫茶屋工房

栃木県那須郡那須町高久乙798-334
TEL：0287-78-1549
【アクセス】
バスの場合：那須塩原駅または黒磯駅より那須ロープウェイ方面行きで那須サファリパーク入口下車、徒歩約15分。
自動車の場合：東北自動車道那須ICより約15分。

長楽寺

栃木県那須郡那須町寺子丙1404
TEL：0287-72-1089
【アクセス】
自動車の場合：東北自動車道那須高原ICより車で約5分。

地域猫ミーちゃん

エピソード「わたしのこころ、ねこのきもち」

木附千晶
kizuki chiaki

商店街のアイドルだったミーちゃん
(写真すべて)

商店街の人気者

今から10年ほど前の話になりますが、東武野田線沿線にある岩槻駅前(埼玉県さいたま市)の商店街で一匹の猫(女の子)が暮らしていました。白地に茶と黒のはっきりとした三毛だったことからミーちゃんと呼ばれ、界隈の人気者でした。

ミーちゃんはかなりの美人猫で商店街の人々や通行人がご飯をあげ、雨宿りの場所を提供し、避妊をし、10数年間、駅前商店街の地域猫として過ごしていました。

交通事故の後遺症で左前足が内側に曲がっていましたが、シニアになっても車が行き交う大通りを走り抜け、2メートル近いフェンスも難なくクリア。なじみの店に立ち寄っては「ごは〜ん」とおねだりし、お刺身などのごちそうをゲットしていました。

ミーちゃんの朝の日課は、駅に向かう通勤・通学の人々のお見送り。商店街の駐車場のゴミ箱の上で、早いときには朝6時くらいから三つ指をそろえて待っていました。人間の方も挨拶を返し、ひとしきりミーちゃんをなでたり、お話をしたり、カリカリを置いて行く人もいました。だからミーちゃんのウエストはいつも太めでした。

猫っぽい警戒心が無く、本当に平和主義者。「おいで」と言われれば初対面の人でも寄って行き、抱っこされます。顔見知りが通りかかると後を付いて行き、なじみの店

のシャッターが開く音で走ってやってきます。カラスや野良猫さんたちにも寛容で、ご飯を狙われても「どうぞ」とばかりに寝そべって見ていました。

他の猫たちに「安全なテリトリーを譲った」というエピソードまであります。いっとき、ミーちゃんは商店街の外れにある金物屋さんで暮らしていたのですが、そこの猫密度が上がると、引き戻そうとする金物屋さんを振り切って自ら出て行ったそう。取り壊す直前の無人アパートで2匹の地域犬と共生していたという話もありました。

けっして人間に迷惑はかけない

ミーちゃんは、「けっして人間に迷惑はかけない」猫でした。ゴミ箱をあさるなどもってのほか。お客さんがいるときは、呼ばれても絶対に店の中に入りません。「やってくるのはいつも裏口から」でした。

「裏口が開いてないときは、ドアにぴったりと背中を付けて、人間が気づくまでただじーっと待っていた」（商店街にあった家庭料理店のママ）

だからミーちゃんは商店街のマスコットとしてとっても愛されていました。通行人の見送りが終わると、商店街の美容室で長～いお昼寝。ここの従業員控え室がミーちゃんの日中の居場所でした。ミーちゃん専用スペースで、夏はびよーんと伸びて、寒い冬はホットカーペットを頭からかぶってほぼ一日中眠っていました。声をかけると握った手を「グー」「パー」、しつこく話しかけると「うるさいなぁ」と耳や目を塞《ふさ》いだポーズでまたすやすや……。

目を覚ますのは美容室の人たちがブラッシングしてくれるときとランチタイムくらい。魚の匂いでも立ちこめたときには、やおら起き上がってテーブル横で礼儀正しくお座り。けっしてテーブルに乗ったり、「ちょうだい」と鳴いたりはしません。「おいしいでしょ?」「ねっ、おいしいでしょ?」とばかりに、首をかしげてひたすら人間を見つめます。これが逆に「あげないわけにはいかない」気分にさせられるのだとか。

美容室の閉店後は、美容室隣のスナックに移動。スナックのママさんがくれる晩ご飯では飽きたらず、仕事を終えて戻って来る通行人さんのカリカリを待ちます。散歩の犬に威嚇されたときは近くの茂みに身を隠します。

そんなミーちゃんは、なんと!　猫嫌いの人まで魅了していました。「シッシ」と追い払われても臆することなく「ミャァ〜ン」と甘え声で近づき、蹴ろうとしても「必殺お腹ごろん」のポーズ。その無防備さに「思わずなでてしまった」という話を何件も聞きました。

ミーちゃんがつなぐ人の輪

ミーちゃんが行方不明になったときは商店街中が大騒ぎでした。捜索チラシを見た通行人の人たちも一緒になって探してくれました。連絡先になっている美容室には、ミーちゃんの安否を気遣う人が次々とやってきました。なかには「捜索に役立ててほしい」と写真データや動画を届けてくれる人もいました。

ＯＬさん、サラリーマン、通学路にしていた小中学生や電車通学している高校生に幼稚園の行き帰りにミーちゃんと挨拶していた子ども……。挙げればキリがありません。毎日、10人もの通行人がミーちゃんにご飯をあげていたことも判明しました。

商店街ではチラシをまき、スーパーマーケットの掲示板や動物病院などに貼ってもらいました。総当たりで知り合いに尋ね、手分けして「猫の集会所」を探しました。

おかげで奇跡の発見！　行方不明から2か月後、商店街から3キロメートルほど離れた公園で見つかったのです。すると今度は「ひと目顔を見たい」という人たちが美容室へ。抱きしめたり、なでたり、話しかけたり、泣いたりする人々がひっきりなしにやってきて、放浪生活で疲れ切ったミーちゃんを寝かせません。

そのなかには「会社に行きたくないときも、この子をなでると行く気になって、ず

いぶん励まされました」とか「解雇されて途方に暮れていたときに、ミーと会ったんです。おかげで入社面接を受ける勇気をもらいました」など身上を告白する人も。

　こうして商店街では、ミーちゃんを真ん中に人々の輪が広がっていきました。ついこの前まで素通りしていた人たちが挨拶を交わすようになり、足を止めて店に寄っていきます。日中の居場所である美容室には「ミーちゃんへ」と大量のキャットフードが届けられるようになり、美容室ではミーちゃんにご飯をあげている他の店に配りました。すると今度は、各店から野菜やら果物やらの〝お返し〟がくるので、美容室ではそれをキャットフードをくれた人たちにお裾分け。

「ごちそうさまです」

「また寄ってね」

「この前はありがとう」

「どういたしまして」

　いつの間にか、お土産などを届け合ったり、何気ない立ち話をしたり、迷子猫のチラシをやりとりするコミュニティが出来上がりました。また、商店街の店同士では、お互いの店の前を掃除しあう光景などが頻繁に見られるようになりました。その目的の多くは「ミーちゃんがこぼしたご飯のお掃除」でしたが……。

商店街では、ミーちゃんが猫の足では行けない遠い公園で発見されたことから「地域猫を疎んじる人に連れていかれたのかもしれない」と、（1）ご飯は美容室横に設置したミーちゃん専用の台で専用のお茶碗に入れてあげること、（2）こぼれたフードを発見したときは気づいた人がすぐに掃除すること、などのルールをつくったのです。

ミーちゃんが教えてくれたこと

ミーちゃん行方不明事件でわかったこと。それは、こんなにも多くの人が、「ミーちゃんからたくさんのものをもらっていた」ということでした。

私は、それまでミーちゃんのことを「猫好きの人間に助けられ、世話をされているかわいそうな存在」と思っていました。でも、そうではなかったのです。実は、世話をしているつもりでいる人間の方が、ミーちゃんに慰められ、励まされていました。

私たちの社会は、だれかに世話してもらったり、甘えたり、頼ったりすることは否定されがちです。この風潮は、年々強まり、自分で人生を切り開いていく能力のない者、ミーちゃんのように〝小さき存在〟は、お邪魔虫扱いされることが多々あります。

ところが現実はまったく逆でした。ミーちゃんがいたからこそ、他人同士が挨拶を交わし、その周りが笑顔で満たされました。ミーちゃんのような弱く、小さな存在が

きづき・ちあき

IFF CIAP相談室カウンセラー。臨床心理士。ジャーナリストとして活動中に「子ども」に興味を持ち、アライアント国際大学臨床心理大学院入学。文京学院大学非常勤講師、子どもの権利条約（CRC）日本運営委員を務める。愛着理論を基盤にした子どもの権利条約の講演や離婚や別居に伴う面会交流支援も行っている。主著に『迷子のミーちゃん　地域猫と商店街再生のものがたり』（扶桑社）、『子どもの力を伸ばす　子どもの権利条約ハンドブック』（自由国民社）ほか。

人々に幸せをもたらし、地域をつなぎとめる力にもなっていたということ。これは、人間存在の真理にも迫るものすごいことです。

利益を奪い合うのが普通の世の中で、私たち人間は何かを「与える」ことの豊かさを忘れがちです。人間は、しばしば地位や外形に目を奪われ、本質を見失ってしまいます。でも、ミーちゃんは違います。相手が金持ちか貧乏か、容姿が美しいか醜いかなんていうことは一切気にしません。ときに邪険にされることがあっても、人間を信頼し無条件に受け入れてくれます。全身全霊で甘えてくれる姿が「世話をしてあげたい」という気持ちを呼び起こし「与える」ことの素晴らしさを思い出させてくれます。

ミーちゃんは「幸せに生きて行くためには何が必要なのか」を、身をもって示してくれました。人を疑うよりも信じる方が安全に生きられること、奪うよりも「与える」方が豊かに生きられること。飼い主のいない猫が安心して生きられるような〝隙間〟や人づきあいのある街の方がずっと住みやすいこと。そして、ひとりぼっちではけっして生きられない私たちが、だれかと関係性をつくり、その孤独を解消するためには小さき存在が必要なのだということを証明してくれたのです。

〝人間らしい〟ものが否定されがちな社会だからこそ、ミーちゃんのような存在は、地域になくてはならないものなのです。

ねこまき × ミケねこ

春

ミューズワーク(ねこまき)

名古屋を拠点に、夫婦でイラストレーターとして活動。コミックエッセイ、広告イラスト、アニメなどを手がける。『まめねこ』『ねことじいちゃん』などねこが登場するほのぼのとしたマンガでねこ好きからの支持が熱い。原作のアニメ化、映画化が続々と進行し、ますます注目度が高まっている。

ピピピピピ……
ぬ…
もぞ…
もう少し…
バシ
ピ
ざり…
ざ〜り
ざ〜り
うううう
ん――…
わかった
わかった…
おもっ…
のしっ
お前にゃー
平日も休日も
かんけーないよな…
にゃ

ねこまき
×
ミケねこ

夏

わたあめ
たこやき
おとすなよー
ドドーン
ドーン
やきそ
たいやき
クレープ
帰ったぞ よー
ただいま～
ピク
あいでっ
ちょっと!!! お前たち! ツメをたてるなって
にゃー
うにゃー
にゃー
にゃ
にゃ
だだっ
父ちゃん これだ!!
とりやのやきとり
こいつらがいたんだった～
とりをよこせ
母さんたすけて～
みんなの分はこっち!!
ほ～ら、とり肉ゆでますよ～
いつものパターンだな…

ねこまき × ミケねこ

秋

ミケー
ミーケー
おーい
どこにもいないの…
じーちゃん、ミケ見なかった？
ミケか？
フンッ
お家の外なんて物騒なトコロアタシ出ませんわよっ
お家大好きおひめさまなミケが…まさか家出?!
呼んでも来ぬのがお猫さま～ってな
がさ
ごそ
ほいっ
パキ
さっ
ちょっと何よエサよこしなさいよっ
わーっミケーっ
ほらね

ねこまき × ミケねこ

冬

うーん
猫の手
うーん
うーん
もう一枚
ポカ
ポカ
…
これもイマイチ…
ガサ
ガサ
ガサッ
ガサ
ガサ
ん？
ちょっと
何よ…
みゃ～～う
もうまちくたびれたにゃ
いや～～～っ
ミケーー!!!?

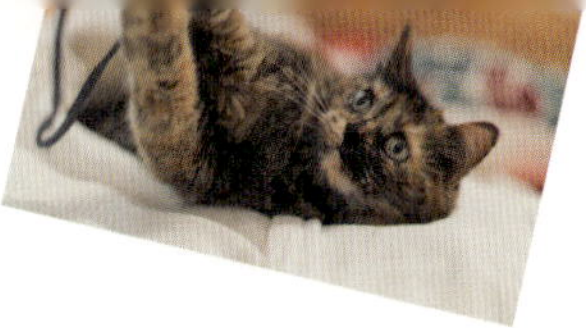

living together

ここはとっても大事なので、『トラねこのトリセツ』、『ブチねこのトリセツ』と共通するところがあるにゃん！

さぁ、一緒に暮らそ！ 大石孝雄先生直伝にゃん
ミケさんがやってきた！

自由だなぁ、癒やされるなぁ、幸せそうだなぁ……。
ねこを眺めてそう感じるあなたは、
いつか「やっぱりねこさんと暮らそう」、
そう決断する日がくるはず。
こころがほっこりする毎日を迎えるために、
大石孝雄先生（元東京農業大学教授）が教えてくれた
「心得ておきたいこと」。

監修＝大石孝雄
oishi takao

愛くるしい猫たちも、そもそもは肉食動物。ちょっと前まで、ネズミを狩っては丸ごといただくという、豪快な食生活を送っていました（あ、野良猫はいまも、か……）。人に飼われるようになっても、その体の構造は変わりません。いまは食の好き嫌いが激しい猫もいて、食事に苦労する飼い主も少なくありません。猫さんと幸せに暮らすために……。まずは「ごはん」のお話から。

にゃんライフタイム
ねこの年齢別お世話

出生時

●100g前後で誕生！

目も開いておらず、耳も聞こえないほか、排泄や体温調節も自分ではできません。ただし、ミルクはすぐに飲みだします。こうして毎日約10gずつというペースで体重が増えて、大きくなっていきます。

1週齢（生後～7日）

●目は開くものの……

まだ見えませんが、耳は聞こえるようになってきます。母猫がいない場合は、湯たんぽなどで体温を調節してあげたり、哺乳瓶でミルクを与え、また母親がなめるように身体をなでて、子猫を安心させてあげます。

gohan

ねこがよろこぶ ごはん

狩りをしていた頃の習性から、ウェットフードのチョイ混ぜがおすすめ

キャットフードには大きく、カリカリしたドライタイプ、缶詰やレトルトパウチなどのウェットタイプがあります。ドライタイプはこれだけで栄養バランスが満点で、そのうえ便の状態もちょっぴりドライに。後片付けがしやすくなるという人にとってのメリットもあります。

ただし、ドライフードは水分が10%以下。たとえば猫の食料だったネズミにももう少し水分があり、この水分量では嗜好性があまりいいとは言えません。そこで**「ドライフードを中心に、猫の嗜好性《しこうせい》を考えてウェットタイプをちょっと混ぜてあげる」**のが大石先生のオススメです。

「猫の食事の仕方にも、狩りをしていた時代の習性が色濃く残っています。たとえばちょっとずつ食べるクセ。これは昔、獲物を捕まえて穴ぐらなどに貯蔵しておき、少しずつ食べていた習性から来ていると言われています。つまり一度で完食する猫は少ないのです」（大石先生）

季節によってはいたみやすいウェットフードを与える場合はとくに、一度に与えずに何度かに分けてこまめに食べさせるのもひとつの方法。

2週齢（8〜14日）

●目が見え、歯も……

生えはじめます。猫がほかの動物とのコミュニケーションを学び、社会に慣れるための時期を「社会化期」と言いますが、これは早くて2週齢から始まり、9週齢まで続くと言われます。多くの動物や人に会わせて、外の世界に慣らせるのがポイント。

3〜4週齢（15〜28日）

●視力や聴力が成猫並みに

ほかの子猫と遊べるようになったり、爪の出し入れができるようになるのも、この時期です。また自分でトイレができるようになるので、トイレを用意するほか、離乳も開始して離乳食をあげ始めましょう。

また、人が普段食べている食べ物のなかには、猫にとって危険な食べ物になってしまうものがあります。**タマネギをはじめ、長ネギ、ミョウガ、ニンニクなどネギ科の野菜**には、プロピルジスルフィドという物質が入っていて、これが猫の赤血球を破壊し、貧血や下痢などの原因になります。

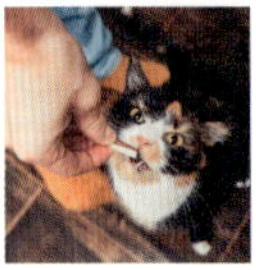

魚介類では、イカや貝などのほか、サバも危険。

「ヒスタミンが高濃度に入っているので、アレルギーが起こることも。腎不全の原因になるぶどうやレーズン、命に関わる中毒を起こすこともあるチョコレートもNG。乳糖を分解する能力が弱い猫には、牛乳も与えないほうがいいですね」（大石先生）

絶対に猫に与えないのはもちろんのこと、うっかり猫が口に入れることがないよう、飼い主がしっかり管理することも忘れずに。

5～7週齢（29～49日）

●体重は500gを超えて

青っぽかった目の色も成猫に近くなってきます。また乳歯が生えそろうので、ミルクより離乳食の割合を増やし、子猫用のキャットフードにも少しずつ慣れさせるようにするといいでしょう。人との遊びも増やしていきます。

2か月齢

●動物病院で1回目のワクチン

9週齢までの社会化期は残りわずか。この時期にひと通りのケアや遊びなど多くのことを経験して、慣れることができるかどうかが、飼いやすさを決定づけるポイントになることも。

toilet

ねこが安心する トイレ

いつも同じ場所が好き。ここちよいトイレづくりを！

猫はいつも同じ場所で排泄する習性があります。トイレの覚えがいいのもそんな理由から。ほかの動物より飼いやすいですね。

「砂をかける行為も野生の名残で、においで位置が判明しないように、自分の存在を消す本能的な行為ですね」（大石先生）

この習性を考えると、鉱物、紙、木材などの素材のトイレ砂は猫にとってはとても快適な環境。排泄物をできるだけ早く処理し、ここちよいトイレづくりを心がけましょう。

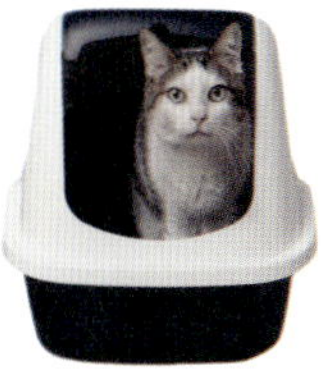

ねこのベストトイレ

❶いつも清潔に

猫はきれい好き。いつも清潔でないと大きなストレスを感じるので注意！

❷猫が落ち着ける場所

人目につかない場所、たとえば部屋の片隅やケージのなか。変化を嫌うので一度決めたら変えないように。

❸食事場所からは離して

猫は食事をする場所で排泄しない習性を持っているので、離して設置！

3か月齢

●2回目のワクチン接種

生後まもなく接種する2回のワクチンは、母乳に入っていたウィルスや細菌を原因とする病気の抗体の、効果が切れるために打つもの。以降のワクチン接種は年1回でOKです。

4か月～6か月

●乳歯が抜け落ちて……

永久歯が生えそろいます。メスの場合は早ければ4か月で発情期を迎えることも。一方、オスでは、早くて5か月で発情期を迎えます。子どもを産ませる予定がないときは、メスは避妊手術、オスは去勢手術をおこないます。

health

いつも気にかけたい 健康

かかりつけ医と飼い主の連携プレーで

猫を迎えたら、まず探したいのがかかりつけの動物病院。病気になったときはもちろんのこと、年1回おこなうワクチン接種や健康診断など、病気を予防して猫の健康を守るためにも、動物病院はなくてはならない存在です。

かつて動物病院の患者の多くは犬でしたが、猫の数が増えるにつれ、犬だけでなく猫も得意科目とする動物病院が増えてきました。

「病院が保護猫の活動に取り組む例も増えていますね。価格、経験、スタッフの数などのほか、そうした猫にやさしい病院が近くにあれば、まずは訪ねてみること」（大石先生）

飼い主ができる健康チェックも、普段から習慣づけます。体重のほか、被毛のつや、体温、呼吸数、脈拍数などを把握しておけば、体調の変化にも気がつきやすくなります。猫は体調の悪さを隠す習性があるとも言われるため、飼い主のチェックがとくに重要です。

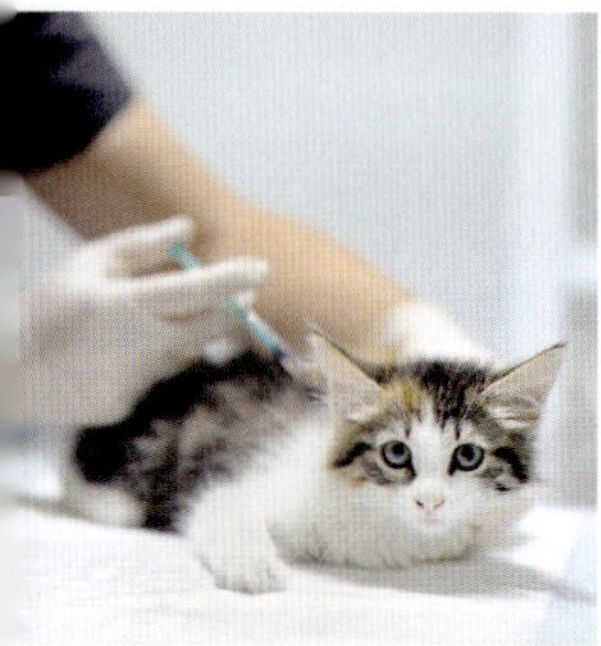

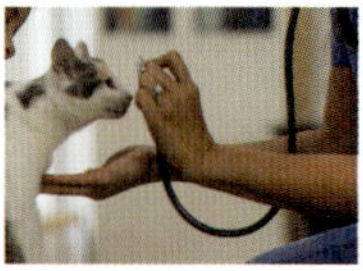

6か月〜1歳

大人の身体がほぼできあがる猫の6か月齢は、人で言うと9歳の小学3年生。ほぼ完全に大人の身体になる猫の1歳は人の15歳相当と言われ、早くも思春期に突入します。以降1年ごとに人の4歳分、年を取っていくという説が一般的です。

成猫期（1歳）

もうすっかり大人猫

1歳を迎えれば骨格もほぼ完成して、大人の体つきになってきます。子猫用のフードは育ち盛りの猫のためにつくられたもので、栄養価も高く、高カロリーのため成猫に与えるのはNG。1歳頃から成猫用のフードに切り替えます。

日ごろのかんたん健康チェック

いつもと違うところがあれば、病院へ。

- □ 毛つやは？
- □ 体温や呼吸数は？
- □ 食欲は？ 飲水は？
- □ ウンチの回数は？ 状態は？
- □ おしっこの回数は？ 状態は？
- □ しぐさや行動は？
- □ 鼻水や鼻の乾きは？
- □ 目やにや充血は？
- □ 歯の汚れは？
- □ 身体にキズや湿疹、できものは？

メスは生後4か月、オスは生後5か月を過ぎると最初の発情期を迎え、以降年に数回発情期がやってきます。メスの避妊手術、オスの去勢手術は、発情期の鳴き声やマーキングなどの行動を防ぐほか、ホルモンに由来する病気にかかる確率を大きく減らすため、子猫を産ませる予定がなければ、受けることをおすすめします。

「とくにメスの場合は、健康面でのメリットが大。手術の適齢期は6か月前後。最初の発情前がいいですね」（大石先生）

そして体重。これはわかりやすい健康のバロメータ。とくに、糖尿病や心臓病など、多くの病気を引き起こす太りすぎには注意が必要。カロリーを制限して、ダイエットに励んでもらいましょう。

成猫期（3～4歳）

●歯が摩耗《まもう》しはじめ……

少しずつ歯垢が付いてきます。歯石は一度付いてしまうと、歯ブラシでは取れません。ひどい時は、動物病院で全身麻酔での除去処置が必要になってしまいます。そうなる前に、歯ブラシやガーゼでの歯磨きを続けます。

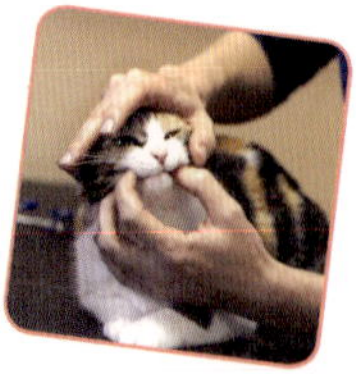

●虚勢や避妊をしてないと

猫の場合、一生でもっとも繁殖力が旺盛になるのがこの時期です。毛並みがツヤツヤで美しくなる一方、虚勢をしていないオスの場合は発情から凶暴化したり、気が荒くなってケンカをしやすくなることも。

space

きもちのいい環境

縦移動ができることがカギ。一匹でくつろげるスペースも

室内飼いの猫が暮らすスペースには、「食事スペース」、「休息所」、「トイレ」が最低限必要。

「猫は活動的でよじ登る能力が高く、キャットタワーや異なる高さの家具を置き、縦の動線をつくってあげることも大切ですね」（大石先生）

くつろげる休息所を、部屋のなかの一番高い場所に選ぶ猫も少なくありません。

猫は、基本的に単独行動をする動物です。相性が合えば、ほかの複数の猫や犬と暮らすこともできるけれど、猫一匹につきそれぞれ専用のくつろぎスペースを設けるのが基本。

またくつろげる暮らしには、ある程度の広さが必要です。

感染症などの危険がある屋外に猫を出さない室内飼いは増えていて、とくに問題はありませんが、**「狭いところに閉じ込めるようなことになると、ストレスから逃げようとする猫もいます。とくに多頭飼いでは、一匹当たり10平方メートル程度の広さは用意してあげてくださいね」（大石先生）**。

猫のリビングルームに、必ず備えたいものといえば、爪とぎ。爪をとぐことは猫の習性で、これによって古い爪をはがし、武器となる爪をピ

成猫期（5～6歳）

●アラフォー世代

人間でいえば、この年代はアラフォー世代。肥満になりやすいほか、そろそろ成人病などに注意が必要になるのも、人間と同じです。年1回の健康診断を続けることで、早期発見、早期治療を心がけましょう。

●のんびりと……

3～4歳くらいまでは、やんちゃに走り回っていた猫も、この時期になると落ち着いて、のんびりと過ごすことが多くなるようです。運動不足による肥満にもなりやすいので、おやつなどのあげすぎにはくれぐれも注意したい年齢です。

ねこがうれしい快適リビング ワンポイントアドバイス

❶「食事スペース」「休息所」「トイレ」は適度に離して設置。
❷隠れる、探索する、遊ぶ行動ができる広さの確保。
❸ベッドなどは、上下の移動ができる、高さを意識した立体的な配置をおこなう。

カピカにといでいるほか、マーキングの意味があるとも言われています。家具で爪とぎをしてボロボロにしてしまったり、コードを爪で引っ掻いて感電したりしないよう、代わりに用意するのが爪とぎ。段ボール製や布製など、さまざまな爪とぎが発売されています。

老猫期（7歳〜）

●寝ていることが

動きも鈍くなり、寝ていることが多くなります。若い頃に比べると食欲が落ちることも少なくないので、少量でもタンパク質が取れるシニア用のフードに切り替えるのがおすすめです。歯が悪くなった猫の場合は、ドライフードの粒の大きさも考慮します。

●7歳を過ぎると……

猫の世界では老猫期。口の周りに白髪のような白い毛が生えてきたり、歯の先が丸くなるなどの老化が進んでいきます。毛づくろいをしなくなる猫もいるので、ブラッシングなど一層のケアを。

care

日頃からのケア

コミュニケーションを兼ねた 飼い主による お手入れも忘れずに

猫の毛づくろいは、身体を清潔に保つ以外に、獲物たちにその存在を気づかれないようにするという目的があると言われます。なめることで体臭を減らし、また、なめて体温を下げることで、温度によって猫が来たことを察知する獲物たちの目をくらますことができるからです。

飼い主もブラッシングするなど日頃のケアを心がけましょう。猫と触れ合う貴重な機会にもなります。猫が嫌がる場合は、まず触られることに慣れる練習から。ブラッシングから爪切りまで、子猫のうちから徐々にケアに慣らしていきます。

しっかりケア、6つのポイント

【ブラッシング】

短毛猫は週に1度、長毛猫は毎日ブラッシングを。抱っこができないときは、うつ伏せのままでもOKです。

【目のケア】

目やになどをそのままにしておくと、涙やけを起こして、被毛が変色してしまうことも。ガーゼなどでやさしく拭き取りましょう。

【シャンプー】

短毛猫はブラッシングだけで十分な場合も。毛が比較的長い猫は1か月に1度のシャンプーで、毛づやを美しく整えましょう。「ただしシャンプーは苦手ですよ」（大石先生）

【耳のケア】

見えている部分に耳垢があるときは、綿棒などでやさしく拭き取ります。黒い汚れは耳ダニのこともあるので注意です。

【歯のケア】

見落としがちな歯のチェック。汚れているときは歯磨きなどで取り除き、ひどい汚れのときは病院にお願いします。

【爪のケア】

ケガの原因にもなりますので、爪の長さはこまめにチェックしましょう。爪には血管が通っているので、切りすぎには気をつけて。

健康管理をしっかりと

年齢とともにさまざまな病気も増えてきます。年に一回だった動物病院での健康診断を、数か月に一回にするなどして備えます。猫の平均寿命は16歳前後と言われますが、最近はご長寿猫が増える傾向も。飼い主の健康管理が、すべての鍵を握っています。

足腰を考えて

人と同様、足腰も弱くなるので、猫がいる部屋の模様替えをおこないます。高いところに設置してあったキャットベッドなどは、危険なので低い場所に移動。または足場を作って、登りやすくするなどの工夫をします。

play

仲良くなる 遊び方

狩りの本能をくすぐるような仕掛けで遊びたい

「子猫は、遊びによって生きるすべてを覚えます。丈夫な体も遊ぶことでつくられます。成猫になっても遊びは重要です。猫の遊びは狩りと関係していることが多いので、狩猟心をくすぐるような仕掛けを考えるのもいいですね」（大石先生）

　ねこじゃらしが人気なのは、ネズミなど獲物の動きと似ているから。ちょろちょろと猫の目の前を横切らせたり、家具のかげからのぞかせたり、スピードの強弱をつけて走らせる……本物の獲物に似た動きに、猫が夢中になって追いかけたら、ときには捕まって、猫に達成感を与えることも大切です。

　猫との大切なコミュニケーションの手段として、飼い主は時間を見つけて毎日、少しでも遊んであげるようにしましょう。遊ばないと猫のストレスがたまり、脱走しようとしたり、家の中を走り回るなどの問題行動に走ることも。

「逆に遊びに熱中するあまり、猫がケンカや狩りのときのような攻撃モードになるケースには注意してください。熱中しすぎたらクールダウンを」（大石先生）

春
Spring

ねこの衣替えの季節。花粉症にも要注意!!

春と秋は寒さに対応する冬毛が抜け替わる、猫の"衣替え"時期。普段は週に1～2回でいい短毛種のブラッシングも、この時期は毎日してあげるのがいいでしょう。スプレーで湿らせると、静電気が起きにくくなり、ブラッシングがしやすくなります。「**猫も花粉症になります。この時期にくしゃみをするようなら注意したいですね**」(**大石先生**)。またノミや害虫も要注意。猫がかゆがってストレスになるほか、伝染病を媒介する可能性も。人にもうつるので、見つけたら即駆除です。動物病院で駆除薬をもらい、部屋を掃除機で念入りに掃除します。暖かくなって窓を開けて換気したい季節ですが、いろいろな意味で気をつけたいですね。

こんな1年!

気をつけたい、あんにゃことこんにゃこと

夏
Summer

室温管理、フード管理に気をつけて!

猫はほとんど汗をかかないため、体温調節が苦手。「**猫が快適に感じる気温は15℃から22℃。夏は体を伸ばして、ゆっくりと寝ますから風通しがよく、広くて涼しい環境を整えてあげたいですね**」(**大石先生**)。締め切った高温の部屋は、熱中症の危険も高くなります。

ごはんのコーナーでも触れましたが、「**猫は食事を一度に平らげずに、少しずつ分けて食べる習性があります**」(**大石先生**)。注意したいのがフード管理。ドライフード以外のフードは水分が多く傷みやすいので、こまめに冷蔵庫に。「**与えるときは、40℃ぐらいに温めてあげると喜びますよ**」(**大石先生**)。

秋
Autumn

食欲の秋にご用心。ねこ風邪にも……

「たくさん食べるのは健康な証拠と思いがちですが、過食は肥満を引き起こすので要注意。背中から脇の下に手を入れて肋骨を触り、肉が邪魔をするようなら太りすぎの可能性があります」（大石先生）。欲しがるだけあげてはダメ。食欲の秋こそ心を鬼にして食事を管理します。一方、暑かった夏の疲れがどっと出てしまうのは、人も猫も同じ。体力が弱っているので、いろいろな病気に狙われやすくなります。秋から冬にかけて空気が乾燥してくるため、くしゃみが多くなったり、目やにやよだれがあるようなら猫風邪かも。ウィルス性の病気にも注意してあげましょう。咳を何度も繰り返すようなら病気の疑いもあります。すぐに病院へ！

ねこさんとの暮らしは、

温かな環境をつくってあげて……

「猫が暖かいところを選んで眠る理由は、睡眠中に体温が下がるからですね」（大石先生）。最近は、冬の定番「こたつ」は少なくなりましたが、ホットカーペットにも少し注意が必要です。人間よりも少し高めの猫の体温は、ふつう37.8℃から39℃です。この体温よりも高い温度設定での長時間の使用は、低温やけどの危険も。**「猫は暑がりですが、寒がりでもあります。冬は、座布団やクッションなどを置いた温かな場所を用意してあげてください」（大石先生）**。またコード類を噛んでの感電などの事故にも気をつけて！　猫ベッドや湯たんぽなどで代用するのがベストです。

冬
Winter

「毎度、お笑いを一席」……にゃ！

バイオレンス・スコ

春風亭 百栄
shunputei momoe

これは野良猫達が血統別に集団生活をするようになった未来のお話です。

「スコティッシュフォールドさん。もっとビジネスライクにお話ができると思っていたのに『それはできない』の一点張りですか。人と屏風《びょうぶ》はすぐには立たずって諺《ことわざ》がありますよ。その折れ曲がった耳同様、ここはひとつ折れてみちゃいただけませんか」

「おいっアメリカンカール。そっくり返った耳の穴かっぽじってよく聞きな。俺達スコティッシュフォールドはずっと前からこのサザン千住で幅を利かせていたんだ。それをいまさらエサ場を分けろだと？　猫をじゃらしたこと言ってもらっちゃ困るぜ」

「とんでもない。あなたをじゃらせるもんですか」

「とにかくいままで通り三ノ輪ブリッジのエサ場は俺達が独占させてもらうからな」

「スコティッシュフォールドさん。全部くれと言ってるわけじゃないんです。我々のエサは猫ばばあと呼ばれる猫マニアが運んでくるものです。奴らは曜日によって同じエサを出してきます。そのうちの土曜のエサを我々がいただきたい」

「馬鹿野郎！　それが無理だって言ってるんだ。あの土曜の夜のカリカリはそこらのカリカリとはわけがちがう。あの香り、あの歯ごたえ、あの味。俺たちノラにはもったいねえくらいのカリカリなんだよ」

「知ってますよ。『ロイヤル・カナン』でしょ」

「ほう、お前なぜその名前を」

「飼い猫を脅して一度だけ食べましたよ。また食べたいなとお月さまにお願いしましてね。そしてある土曜の夜にとうとう嗅ぎ当てましたあの匂いを。ただその場所が三ノ輪ブリッジ。サザン千住最大勢力のあなたのエサ場だったんですよ。あそこにはイチゴサンダルちゃんと呼ばれるOLさんがエサやりにくるそうですね。かわいい顔してるのに薄幸そうなところが……まぁ猫好きには多いタイプですかね。月火水にはドライを出します。『フリスキー』『キャラット』『サイエンスダイエット』。そして木金にはウェットが。『銀のスプーン』『シーバ』、このあたりが」

「ちょっと待て。なんだそのドライだのウェットてのは？　食べてカリカリいう奴は〝カリカリ〟。それ以外は〝缶詰〟と言ってもらおうじゃねぇか」

「これはスコの親分さん。百歩譲ってドライをカリカリはよしとして、ウェットを缶詰とはねぇ。いまはプラスチックパックやレトルトパウチが主流なんですから」

「猫が入れ物にこだわってどうする。カリカリ以外は全部缶詰で通してもらおう」

「わかりました。親分の顔を立ててそう呼びましょう。そして土曜の夜は件の『ロイヤル・カナン』。そして日曜の夜は毎週決まって『サバ三昧《ざんまい》』という缶詰がでますね。

問題はこの『サバ三昧』。親分さん。あなたこれには手を出されないようですね」

「うんむう。あいつだけはどうも口に合わねぇ」

「あなたの子分達もいやいや食べてます。でも残すわけにはいかねえ。野良がエサを残す。そんなことをしたら『ロイヤル・カナン』だって出てこなくなっちまう」

「バカ野郎!! そんなことは絶対にあっちゃならねえ」

「そこで提案が……まぁ聞いてください。私のエサ場の一つに西念寺があります。吉田美和と呼ばれる主婦がエサやりに来るところで……いやドリカムを歌いながらエサやりをするので。土日の夜はそこをあなたに。つまりエサ場の交換です。土曜の『ロイヤル・カナン』は我々が頂戴する、『サバ三昧』もこちらが引き受ける条件で」

「てめぇ、ふざけたことをッ……俺をじゃらして六体満足で帰れると思うな」

「尻尾を入れて六体満足ですか? でも吉田美和は土日には上物を出しますからね。まず先週の土曜にはツナのほうれん草添えクリーミーソース」

「なに? お前らそんなリーガロイヤルの前菜みたいな料理を食ってるのか?」

「そして日曜には焼魚定食、焼シャケとマグロのコンボ」

「それ大戸屋で出したらすぐに定番メニューになるぜ」

「さらにその前の土曜にはいなばの『猫公爵ささみ入り』」

「野良の俺達が猫公爵なんてものを食ってたらバチが当たって腹をこわすぜ」

「そして先々週の日曜にはチキンのライス添えリゾット風ソース」

「食通で知られる春風亭小朝の舌をもうならせるネーミングじゃねえか」

「さらにその前の土曜にはマグロ節合鴨うす切り添え」

「グオーーー。合鴨うす切り添え〜〜。添えて〜〜〜。添えてみて〜〜」

「どうです、これだけのラインナップですよ。エサ場の交換応じてくれますよね」

「いや、それでも渡すことはできない。まぁいいからよく聞け。三ノ輪ブリッジはサザン千住の中心だ。そこをお前の自由にさせたら、お前はあの抜け目のないアメリカンショートヘアーと共謀して辺りの野良猫を手下にしちまう。あの辺りにいるのは呑気な猫達ばかりだ。ヒマラヤンの奴らは怠け者。マンチカンはベッタベタの甘えん坊だ。ロシアンブルーの奴らは文句一つ言えない奴らでノルウェージャンフォレストキャットの奴らは図体がでかいだけ。あの辺はそんな奴らばかりだ。だから俺達はあいつらの保護もしていたんだ。お前の魂胆はお見通しだよ」

「へっ、こりゃ驚いた。お察しの通りで。そこまでお分かりなら話が早いや。今度の土曜にアメショーと連《つる》んで殴りこみに行きますぜ」

「来るなら来な。こっちは最後の一匹になるまで闘う覚悟があるんだ」

「最後の一匹になるまで？　そんなに『ロイヤル・カナン』が食べたいんですかいっ？」

「エサのためだけに縄張り争いをしているんじゃない。俺はイチゴサンダルちゃんに悲しい思いをさせたくないんだよ。一晩でも俺がいなくなったらあの子は心配するだろ。だいたいネズミも満足にいないこの街で、俺達が食っていけるのはあのイチゴサンダルちゃんのような子がいるからじゃねぇか。エサやりは心の慰めかもしれねぇ。でも俺達には命の糧だ。俺達はお互いに傷を舐めあって生きてるんだ。西念寺の吉田美和も、ホームレスの爺さんも、蛇腹サンダルの浪人生も、しゃがんだ時にモロ見えのサクランボ・パンティちゃんも、そして俺のイチゴサンダルちゃんも、俺達の仲間、宝物なんだよ。もし寒空に屍をさらすことになっても、俺には看取ってくれるあの子がいる。そう思えば潔く死んでいけるんだよ」

「ふっ、まさかスコの親分さんがエサやり娘にのぼせるとはね。そこまで死ぬ覚悟ができてるなら、いっそこの場で始末付けてやりますよ」

「いつでも相手になってやる。さぁ！　かかってきやがれっ！」

シャーッ。フーーッ。フンギャー。ギャンギャンギャンギャンフニャー。フニャー。

「そこまでじゃ」

「あっ、あんたはジャパニーズ・ボブテールの」

「えっ？　あっ、これはジャパニーズ・ボブテールの旦那」

「……ミケでええがな。なんやジャパニーズ・ボブテールて。話は聞いたで。殺し合いなんて物騒なことはせんで仲ようしなはれ。だいたい同じ種族で固まるからいかんのじゃ。昔のように雑種の野良に戻ろうやないか。そしたら争いごとも減るやろ。そうしなはれ。そのためやったらワイは命を賭けてそれに尽力させてもらいます」

「それは昔のように皆が雑種になれば争いごとも減るし、のんびりした暮らしになるでしょう。でも、なんでまたミケの旦那がそこまでして……」

「いやぁ、わて三毛のオスやろ。二万匹に一匹しかおらんのじゃ。ミケの血統を守ろう思ても他にオスが生まれんのじゃ。しんどいねん。とても一人では身体がもたんねん。それでもわいは死ぬわけにはいかんやろ。だって考えてみいな。わいが死んだらうちの女房がミケ（三毛）やのうて……後家（五毛）になってまうがな」

しゅんぷうてい・ももえ

落語家。1962年静岡県生まれ。高校卒業後アメリカで放浪生活を送り、永住権も取得したものの、30歳過ぎてから落語家を志して帰国、95年に春風亭栄枝に弟子入り。前座名のり太。99年二つ目昇進で栄助に、2008年真打昇進で百栄と改名。本編は、『現代思想』（青土社・2016年）に収録された作品。

はたらくねこ

南極へ行ったタケシ

南極へ行った20匹の犬たち。その中のタロとジロの話はよく知られていますが、じつは1匹の猫も一緒だったのです。それも非常に珍しいオスのミケねこ。南極でどんな大冒険が待ち受けていたのでしょう?

文=阿見みどり
text by ami midori

写真提供協力:作間敏夫
『こねこのタケシ　南極大ぼうけん』阿見みどり文・わたなべあきお絵
(銀の鈴社刊)

上）雪に囲まれて育ったタケシは、雪の上でもへっちゃら。
下）ペンギンのヒナたち。親たちは、育ち盛りのヒナのために、遠くまでエサを探しに出かけている。

昭和基地での歴史的な新年。お餅に見えるのは雪を固めたもの。冷凍ミカンをのせて。
前列、左から大塚、立見、西堀、中野、藤井。
後列、左から村越、佐伯、作間、砂田、菊池、北村。
左ページは、作間隊員にあまえるタケシや長ぐつとタケシ。テーブルにぶら下がるタケシは、「気をつけ」といわれたときのおきまりのポーズ。
……隊員たちはタケシを愛した。

今から61年も前、南極で1年間活躍したこねこのタケシ。南極第一次越冬隊11名の隊員と極寒の地で共に生活した、こねこのタケシのほんとうにあったお話です。

　南極で越冬したネコは世界ではじめてです。このとき、いっしょだったカナリヤも。11名の科学者たちの研究活動は、この探検隊に参加した20頭の樺太犬と1匹のネコ、2羽のカナリヤにも支えられたのでした。

　犬たちは、北海道で犬ぞりの訓練を受けてきた、頼もしい行動部隊です。重たい荷物と隊員たちをのせて、力を合わせて氷上を走りました。タケシは、冷たい氷の上で、友だちの犬たちを見送ったりしたそうです。

　11名の隊員は地理学、通信、気象などの専門分野で世界的な貴重な記

録をのこしました。

タケシは、3ヶ月の船上の長旅の中で、隊員たちにすっかりなついていました。そのなかでも「ネコ好きの人」は、本能でわかるのでしょう。通信の作間隊員の寝袋にもぐりこんで、そのまま「自分の寝床は作間さんの肌にふれて」ときまってしまいました。

南極で生まれた子犬はいちばんの仲良し。心許して食事もいっしょが日常でした。

設備も整っていない環境です。例えばトイレは外、吹雪の中ではロープを伝っていきます。ブリザードで目の前が雪で見えなくなり行方不明になる危険があるからです。

吹雪の日や、夜の団らんのとき、隊員たちはタケシを遊び相手にしま

南極で生まれたシロの子となかよく楽しいランチタイム。

した。

「気をつけ！」

「ハイヨ、ニャーン、つかれたナー」

長ぐつに、ぐいぐいつっこまれて、和やかなムードづくりにも大活躍。

「どうぞ、あなたのなすがまま」

あるとき、通信棟でバーンと大きな音がして、まっくらになりました。なんとタケシが大ヤケド。通信棟は危険な場所なのに、真空管があって、電気であたたかいので、タケシはすき間に入り込んでしまったのです。事故でした。

作間さんの必死の看病で、なんとか命をとりとめました。そのときの感動は、忘れられないと作間さんは遠い目をして述懐されます。

1年間の任務を終えて、いよいよタケシも出迎えの船「宗谷」に乗る

ト・トー・ツー・ト・ト。通信機を操作中の作間隊員。この通信棟は、比較的あたたかいのでタケシはお供のように付いてきて、ある日大ヤケドの事故にあう。

ために、ヘリコプターで移動します。南極の住人ペンギンたちもお見送りです。第二次越冬隊にバトンタッチするため、犬たちは南極に残されることになりました。

ところが、ひきつぐはずの第二次越冬隊が、気象の急変で上陸がかなわず、犬たちは残されたまま。予想外の悲劇へ突入したのです。

一年後、タロとジロの兄弟犬が生きていた！

このニュースはのちに高倉健主演の映画『南極物語』となり、当時、日本中の話題になりました。

さて、タケシは頼もしい青年猫になって日本の土を踏むことができました。いったん作間隊員の家に落ちつきましたが、「自分の居場所は南極しかない」と、一週間ほどで、行

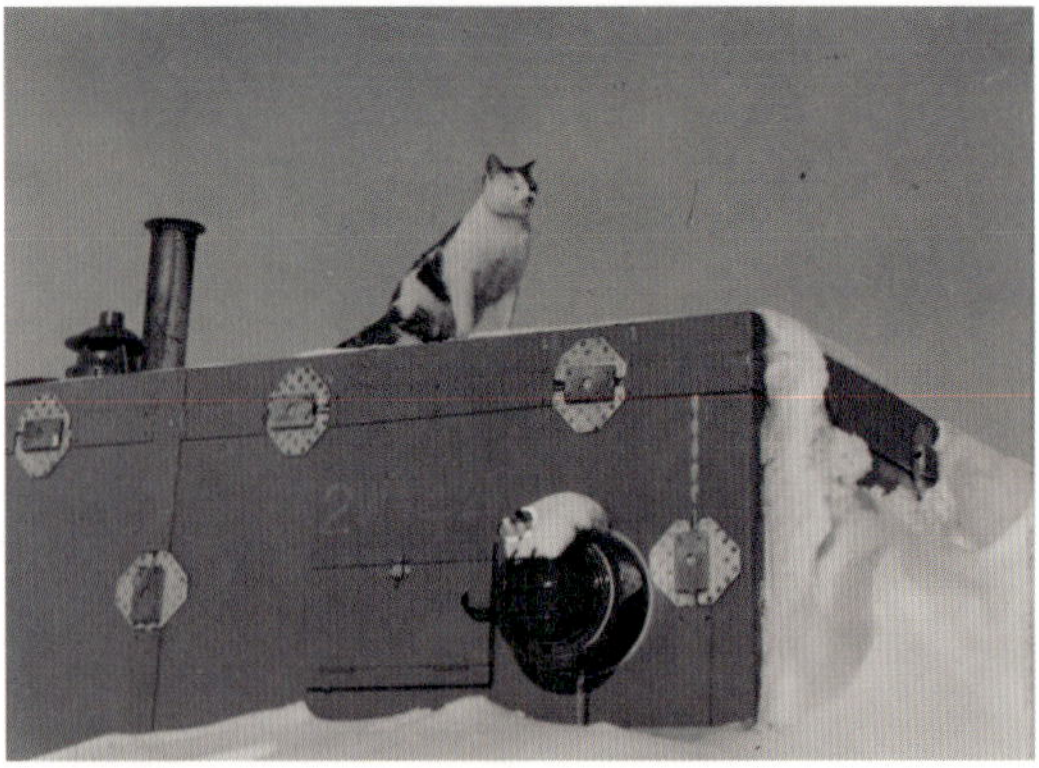

ブリザードにも慣れ、寒さに強くなったタケシ。日光浴と運動のため、時々こうして屋外に出て散歩する。零下30度近くでも平気。

作間隊員(左)と西堀隊長(中央)。いよいよ日本に帰る時、むかえにきた「宗谷」に乗るためのヘリコプターの前で。

方がわからなくなったそうです。

私は『南極物語』の悲劇のヒーロー、タロ・ジロたちの陰に隠れ、話題にもならず、ひっそりと生きてきたタケシに「かわいそう。そして、ありがとう!」と心からのねぎらいの筆をとりました。(＊絵本『こねこのタケシ』銀の鈴社刊)

ネコらしくのびのびと「ネコ」を生きたタケシ。ネコだからできたこと。犬のようなたくましさはないけれど、男ばかりの殺風景な氷上での1年の間に「オイ、タケシ! そんなムリなことできるわけないヨ!」永田タケシ本隊長の名をかぶせて命名された宿命の悲しさ、小突《こづ》いて憂さ晴らしされても、甘んじて受けます。疲れた夜は、動くぬいぐるみとして、隊員たちの心を癒やしました。

日本に帰国して作間家でくつろぐタケシ。皆にかわいがられた日もつかの間、南極しか知らないタケシは南極を探してさまよったのか、そのまま姿を消したのでした。

1年間でタケシはこんなにリリしい青年ネコになったのです。

地球上のあらゆる命は、「ひとつひとつに生きる意味がある」と信じます。生まれたときから、神さまが、ひとりひとりに「命の役割」をプレゼントして、この世に送り出してくれていると。

「タケシがいたので1年が和気あいあいと男暮らしの中、平穏に過ごせた気がする」と、菊池隊員（映画での高倉健のモデル）の何気ないつぶやきから、「?·?……。捨ておけない」と聞き出した、ほんとうのお話です。

あみ・みどり

本名・柴崎俊子。野の花画家・児童文学者・編集者。1937年生まれ。万葉学者の父（故・山口正　解釈学会創設者）のもと、幼少より万葉集に親しむ。万葉の花を描いて毎秋、原画展を開催。研究書の編集は『上田敏全集』『川端康成の人間と芸術』など。少年詩集の[ジュニアポエムシリーズ]は、出版のライフワークとして40余年現在に至る。第51回日本児童文化功労賞受賞。銀の鈴社創設者、現在編集長。

your dear

エピソード「あのねこ・このねこ、十匹十色」

ちいさな宝物

金森玲奈（写真と文）
kanamori reina

2017年、創業当時の姿を取り戻した東京駅丸の内駅舎。

かつてこの駅舎の前にはちいさな公園があり、たくさんの猫たちが暮らしていました。

まだ「地域猫」という言葉もあまり知られていない頃から猫たちのご飯の世話や避妊・去勢手術を行っていた男性など、さまざまな理由でこの場所にすみ着いた猫たちを見守る人たちもいました。

2002年8月18日、ここに一匹の子猫がやってきました。
両手のひらにすっぽり収まってしまう程ちいさなその三毛猫は当時のNHK連続テレビ小説の主人公の名前をもらい「さくら」と名付けられました。
ひとりぼっちだったさくらはお父さん代わりのホームレスの男性や、猫たちの名付け親の女性など、この場所に集まる人たちの愛情を一身に受けて、少しずつ大きくなっていき

ました。
さくらが暮らしていた公園には大きな桜の木が何本もありました。
この公園にやってきた頃のさくらはとても弱々しくて、ちゃんと大きくなれるのかいつも心配だった私はいつの頃からか「さくら」と名付けられたこの子と一緒に来年の桜が見たい、そう思うようになりました。
それは桜の咲く頃まで元気でいてくれますようにという祈りだったのかもしれません。

2003年4月。
満開の桜の木の下で遊ぶさくらと一緒にお花見をしました。
この写真は私の願いを叶えてくれたさくらとの思い出の一枚です。

2005年2月。
いつものように東京駅に行くと数日前からさくらのお父さんに具合が悪いことをさくらのお父さんに告げられました。ぐったりとした姿にそのまま見ていられず、カメラバッグに入れて我が家の猫のかかりつけの獣医さんに連れて行きました。
一週間程度の入院のおかげでどうにか容態は安定しましたが、この時の検査で腎臓が悪いことと猫エイズのキャリアであることが分かりました。抵抗力が弱くなってしまう猫エイズキャリアのさくらを外の世界に戻す決断をすることができず、ボランティアの男性やお父さん代わりのホームレスのおじさんと相談をしてさくらを引き取らせてもらうことになりました。

出会ってから2年半。
私たちは本当の家族になりました。

うちに引き取ってからは先住猫の一匹とも打ち解け、病気と付き合いながらではありましたがさくらにとっておだやかな時間であってくれたと願わずにはいられません。

さくらは東京駅で2年半を過ごし、病を得てからの2年半を私の家族として過ごしました。当時の私は病と向き合うさくらにちゃんと寄り添えていたのか、正直自信がありません。もっとこうすればよかった、もっとできたはず。さくらが亡くなってから、そんな想いをずっと抱えていました。

2014年2月。一匹の猫と出会いました。

大怪我《けが》で右手をなくした3本足の白黒猫は猫エイズのキャリアで腎臓が悪い子です。具合が悪くなった時は、さくらの時は病院に頼んでいた点滴も自宅で行いました。今は状態も落ち着き、2015年に拾った耳の聴こえないトラ猫と元気に走り回っています。さくらとの出会いがあったからこそ、この子たちを引き取る覚悟を持つことができました。さくらにしてあげられなかったことを新しい家族となったこの子たちに代わりにやらせてもらっているように思います。新しい出会いが私の後悔を前向きな力に変えてくれたのです。

　動物はどうしても私たち人間より先に命を終える存在です。その別れはとても辛く、時に後悔を残すこともあります。それでも共に過ごした時間は喜びにあふれたものであり、動物がくれるしあわせな気持ちはなにものにも代えがたい一生の宝物となります。そう思える存在と出会えた時はその命を精一杯受け止めてほしいと思います。

かなもり・れいな

写真家。1979年東京都生まれ。2003年東京工芸大学芸術学部写真学科卒業。在学中より都会の片隅に生きる猫たちの姿を撮り続けてきた。国立大学勤務を経て、2011年よりフリーランスとして活動を開始。雑誌や書籍での撮影や執筆のほか、カメラメーカーで写真教室の講師を務める。近年は身の回りの何気ない瞬間や国内外の旅先の風景、怪我と障害がきっかけで引き取った2匹の飼い猫との日々を撮り続けている。

HP：https://www.kanamorireina.com/

編集協力：株式会社ブレンズ

ミケねこのトリセツ

2018年9月3日　第1刷発行

監修者　大石孝雄《おおいしたかお》

発行者　千石雅仁

発行所　東京書籍株式会社
〒114-8524　東京都北区堀船2-17-1
電　話　03-5390-7531（営業）　03-5390-7507（編集）
https://www.tokyo-shoseki.co.jp

印刷・製本　株式会社リーブルテック

ISBN 978-4-487-81197-7　C0095